给孩子插上科学的翅膀

为什么发明宇宙飞船

温会会◎文　曾平◎绘

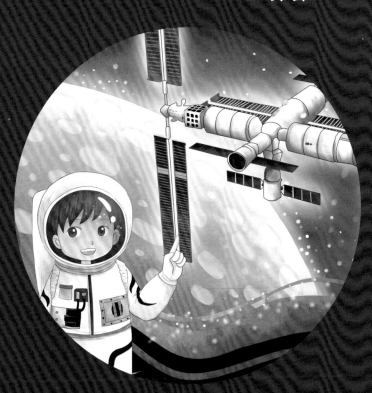

浙江摄影出版社

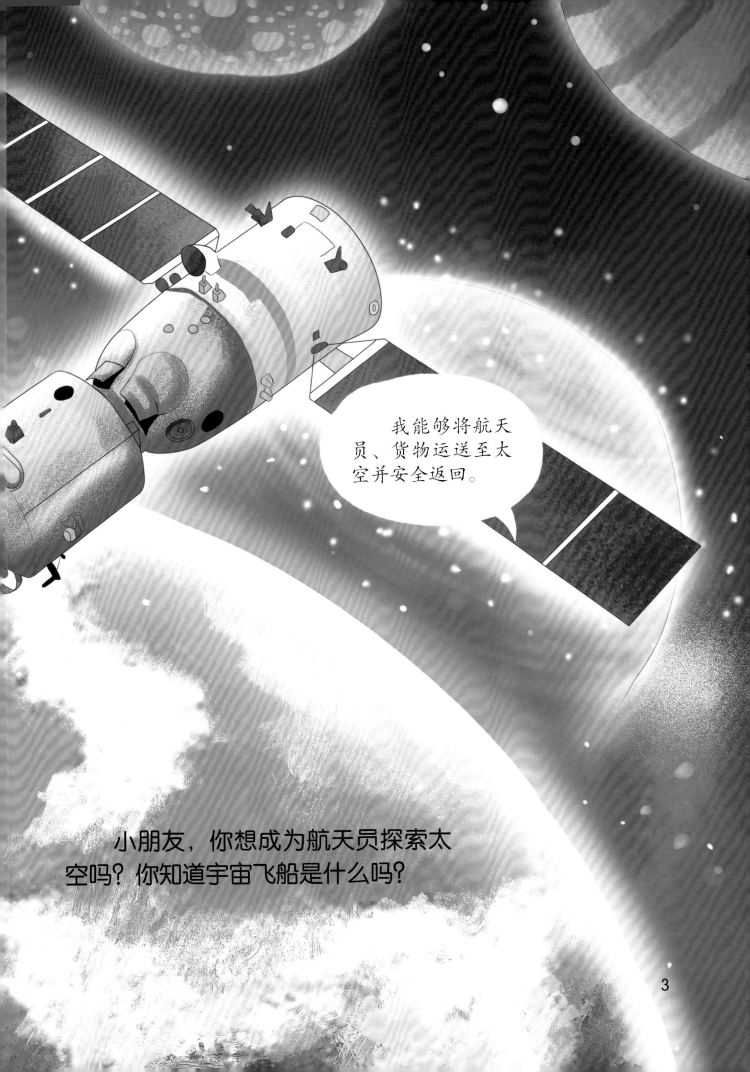

我能够将航天员、货物运送至太空并安全返回。

小朋友，你想成为航天员探索太空吗？你知道宇宙飞船是什么吗？

宇宙飞船可分为载人飞船和货运飞船两种。

一般来说，一艘载人飞船每次可以搭载两到三位航天员前往太空。在远离地球的飞船里，航天员们可以实现短时间地在太空中工作与生活。

返回舱

让我们先来看看宇宙飞船的构造吧！

简单来说，宇宙飞船可分为三大部分——推进舱、返回舱和轨道舱。

推进舱

轨道舱

返回舱是飞船的核心部位，也是航天员在起飞、降落时乘坐的地方。

返回舱在穿过大气层时会受到非常强的摩擦力，所以它不仅要十分坚固，还必须耐高温！

轨道舱是飞船进入轨道后航天员工作、生活的地方，装有保障飞船正常运作的各种设备和机器，还能为航天员提供水和氧气呢！

推进舱主要为宇宙
飞船提供动力。

通常，宇宙飞船在发射、变轨以及返回阶段，会使用燃料作为动力。而在其他时候，宇宙飞船不用动力也可以继续飞行。

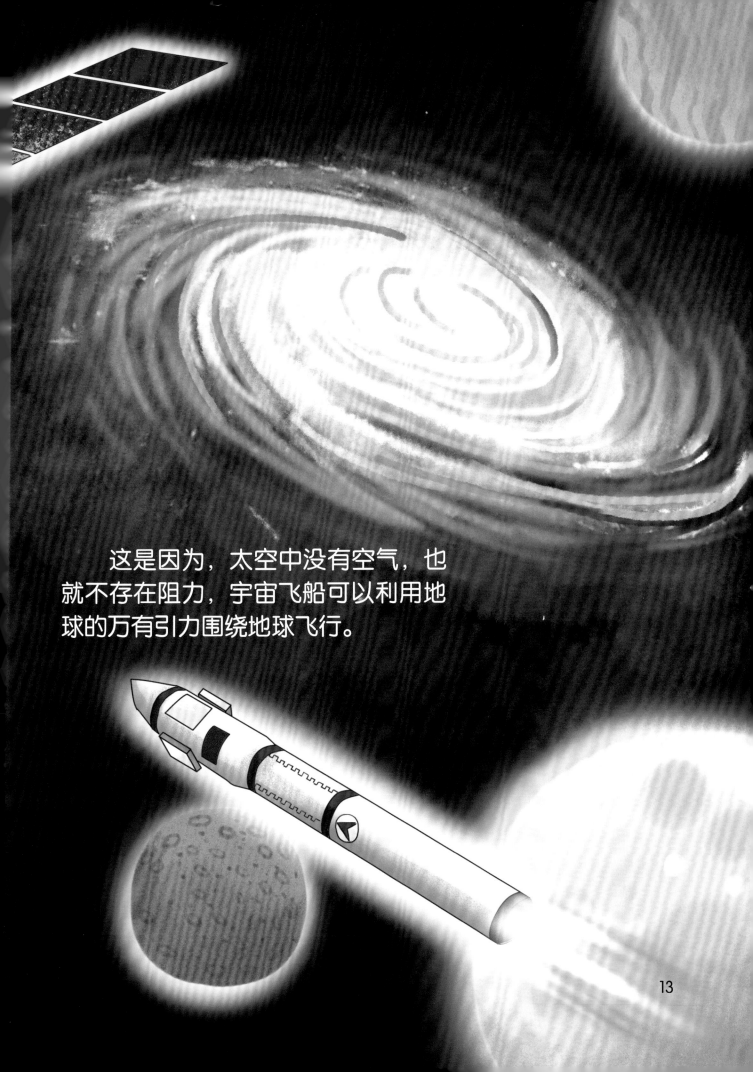

这是因为，太空中没有空气，也就不存在阻力，宇宙飞船可以利用地球的万有引力围绕地球飞行。

太空中，在距离地球一定高度的地方，存在卫星轨道。

进入卫星轨道后，宇宙飞船不再需要动力，可以依靠惯性、保持一定的速度飞行。

在科技落后的古代，古人只能通过肉眼观测天象来解密星空。后来，人们借助望远镜，进一步探索宇宙的奥秘。

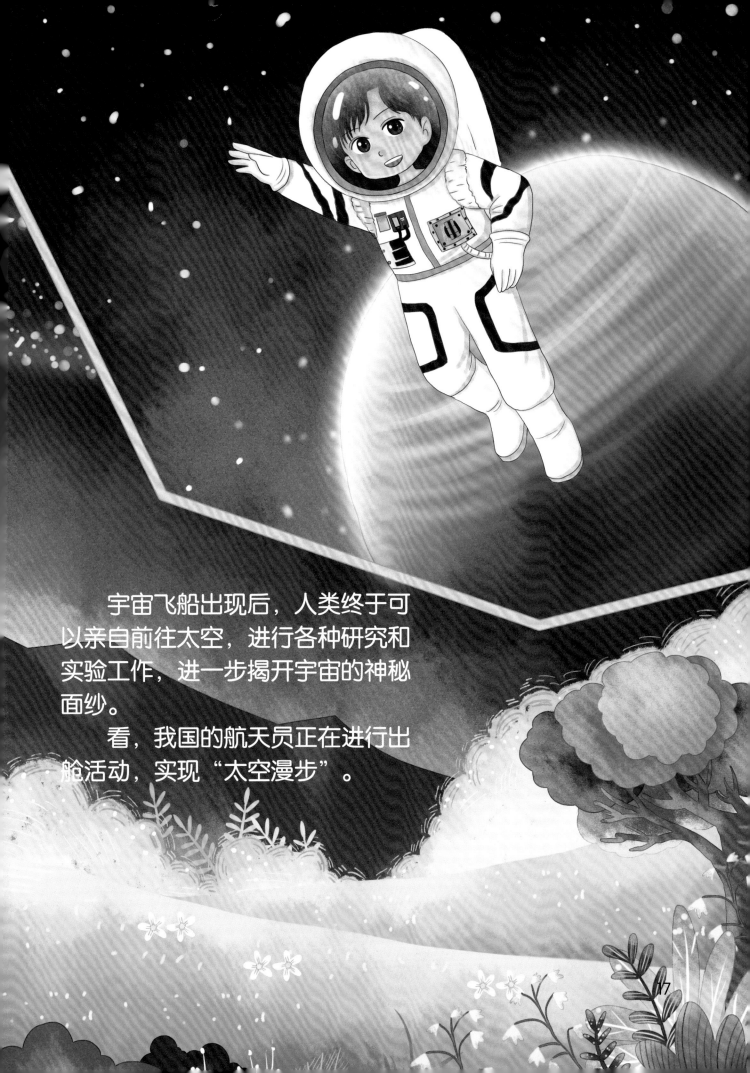

　　宇宙飞船出现后，人类终于可以亲自前往太空，进行各种研究和实验工作，进一步揭开宇宙的神秘面纱。

　　看，我国的航天员正在进行出舱活动，实现"太空漫步"。

在过去的几十年中，人类研发了不同型号的宇宙飞船。

这些宇宙飞船主要分为三种构造类型——单舱型、双舱型和三舱型。

其中，单舱型的构造最简单，只有座舱。美国航天员格伦就是乘坐单舱型的"水星号"飞船进入太空的。

世界上第一艘载人飞船是苏联发明的"东方1号"。

它于1961年4月12日发射升空，是一艘由座舱和服务舱构成的双舱型飞船。

与单舱型相比，双舱型
飞船改善了航天员的工作和
生活环境。

2003 年 10 月 15 日上午 9 时整，中国第一艘载人飞船"神舟五号"成功发射。

　　中国成为第三个独立开展载人航天活动的国家。中国自主研制的"神舟"系列宇宙飞船，就是三舱型宇宙飞船，由提供动力的推进舱、航天员往返太空时乘坐的返回舱和飞船进入轨道后航天员工作、生活的轨道舱组成。

有了宇宙飞船，人们可以更好地探索太空，进行太空育种、研究太空新型材料、研究射线等尝试。

宇宙飞船的发明涉及各行各业，是许多人共同努力的结果！

宇宙飞船是一项伟大的发明，它不仅见证了人类认识宇宙的进程，也进一步推动了人类对宇宙的探索和开发。

26

小朋友，你是不是也对宇宙充满了好奇？
　　让我们多多学习有关宇宙飞船的知识，一起探索太空的奥秘吧！

责任编辑　李含雨
责任校对　高余朵
责任印制　汪立峰　陈震宇

项目设计　北视国

图书在版编目（CIP）数据

为什么发明宇宙飞船 / 温会会文 ；曾平绘．-- 杭
州 ：浙江摄影出版社，2023.12
（给孩子插上科学的翅膀）
ISBN 978-7-5514-4754-6

Ⅰ．①为… Ⅱ．①温… ②曾… Ⅲ．①宇宙飞船—少
儿读物 Ⅳ．① V476.2-49

中国国家版本馆 CIP 数据核字（2023）第 226915 号

WEISHENME FAMING YUZHOU FEICHUAN

为什么发明宇宙飞船
（给孩子插上科学的翅膀）

温会会　文　曾平　绘

全国百佳图书出版单位
浙江摄影出版社出版发行
　　　地址：杭州市体育场路 347 号
　　　邮编：310006
　　　电话：0571-85151082
　　　网址：www.photo.zjcb.com
制版：杭州市西湖区义明图文设计工作室
印刷：北京天恒嘉业印刷有限公司
开本：889mm×1194mm　1/16
印张：2
2023 年 12 月第 1 版　　2023 年 12 月第 1 次印刷
ISBN　978-7-5514-4754-6
定价：39.80 元